Docteur PAUL HAUDUROY

Assistant à l'Institut de Bactériologie de Strasbourg

ÉTUDES

SUR LE

STREPTOCOQUE HEMOLYTIQUE

ET

L'ENTÉROCOQUE

ORLÉANS
IMPRIMERIE PAUL PIGELET ET FILS ET C⁰
6, 8, 10, RUE SAINT-ÉTIENNE

1921

INTRODUCTION

Le présent travail est l'étude du streptocoque hémolytique et de l'entérocoque.

Nous avons examiné la plupart des caractères de ces deux microbes.

Pour le streptocoque hémolytique nous avons surtout étudié son action sur le sang.

La biologie de l'entérocoque est encore peu connue. Nous avons examiné d'une façon attentive son action sur le sang, sur le plasma sanguin, l'influence des concentrations en acide des milieux de culture sur son développement, son action sur les sucres, sa résistance. Nous avons pu, au cours de ces recherches, isoler une nouvelle sorte d'entérocoque : nous décrivons ses propriétés tant culturales que sérologiques.

Nous consacrons enfin un chapitre spécial à la différenciation entre le streptocoque et l'entérocoque.

Nous tenons à remercier ici d'une façon particulière M. le Professeur BORREL qui nous a si aimablement accueilli à l'Institut de Bactériologie et qui nous a prodigué ses conseils au cours de ce travail.

Nous remercions aussi notre ami, M. BOEZ, chargé de cours à la Faculté de Médecine, et M. le Professeur VLÈS, de la Faculté des Sciences de Strasbourg.

Nous n'aurions garde d'oublier nos maîtres dans les hôpitaux et à la Faculté de Paris, MM. KIRMISSON, BEZANÇON, JOSUÉ, ARROU, GERNEZ, BURCKER, CLAEYS, NICOLAS, DESGREZ, et nos maîtres dans les hôpitaux et à la Faculté de Strasbourg qui ont toujours montré pour nous tant d'affectueuse sollicitude.

Nous garderons à tous une profonde reconnaissance.

STREPTOCOQUES ÉTUDIÉS

Les streptocoques que nous avons étudiés sont des streptocoques hémolytiques pris dans la collection de l'Institut de Bactériologie de Strasbourg.

Ils sont au nombre de dix-huit. Nous avons les origines et les dates d'isolement, sauf pour quatre d'entre eux.

La plupart sont d'origine humaine : ils proviennent de pneumonie, de pleurésie, de méningite, de septicémie, de fièvre puerpérale, toutes maladies dont la terminaison fut souvent mortelle.

Ils sont cultivés sur gélose au sang, nous les repiquions tous les quinze jours environ. Après 24 heures d'étuve, ils étaient placés à la température du laboratoire.

Nous résumons dans le tableau ci-dessous ces principaux caractères.

NUMÉRO de la souche	DATE D'ISOLEMENT	ORIGINES
1	novembre 1919	Méningite.
2	novembre 1919	Ostéomyélite.
3	novembre 1919	Fièvre puerpérale.
4	octobre 1918	Pleurésie purulente.
5	mars 1920	Sans origine.
6	ignorée	Sans origine.
8	janvier 1920	Broncho-pneumonie post-grippale.
9	1919	Pleurésie post-grippale.
11	ignorée	Sans origine.
12	janvier 1920	Septicémie.
13	mars 1920	Méningite.
14	1920	Méningite mortelle.
15	1920	Pus péritonéal.

NUMÉRO de la souche	DATE D'ISOLEMENT	ORIGINES
16	février 1920	Pus d'un rat après injection du sang d'un cheval douriné.
17	1920	Utérus d'une jument.
18	1920	Pneumonie post-grippale mortelle.
19	ignorée	Sans origine.
20	janvier 1921	Pus d'un phlegmon par piqûre avec le pus d'une fièvre puerpérale.

CARACTÈRES MORPHOLOGIQUES, CULTURAUX ET VIRULENCE DES STREPTOCOQUES HEMOLYTIQUES

Les streptocoques hémolytiques que nous avons étudiés présentaient des caractères morphologiques classiques.

Tous formaient des chaînettes d'aspect et de longueur variables. Les cocci qui les composaient étaient plus ou moins volumineux.

Les cultures se présentaient de la façon suivante :

En bouillon ordinaire presque tous les streptocoques formaient des grumeaux et, au bout de vingt-quatre heures, on avait une agglutination spontanée : le bouillon était clair dans sa partie supérieure, les microbes agglutinés en culot et accolés plus particulièrement le long d'un des côtés du tube. (Nous n'avons jamais pu savoir à quoi était dû ce phénomène.)

Quelques souches — la minorité — troublaient uniformément le bouillon. Les cultures en bouillon glucosé, en bouillon sérum ne présentaient rien de particulier ; elles étaient très abondantes dans les milieux riches tel que le bouillon glucosé ascite.

Le lait était coagulé d'une façon inconstante, tantôt avec prise en masse du caillot, tantôt avec rétraction latérale. Cette coagulation apparaît entre le premier et le cinquième jour après l'ensemencement (44) (1).

Sur gélose ordinaire, au bout de vingt-quatre heures, les colonies séparées se présentaient sous une forme circulaire, légèrement saillantes, elles augmentaient jusqu'à la quarante-huitième heure environ.

La gélatine n'était pas liquéfiée.

La culture sur les autres milieux ne présentait rien de particulier. Nous étudierons dans un chapitre spécial les milieux au sang.

La virulence des streptocoques hémolytiques que nous avons étudiés était variable.

La souris était tuée en seize à vingt-quatre heures par l'injection intra-péritonéale de 1/10 de cc. d'une culture en bouillon des souches nᵒˢ 5-7-16-17 ; la mort survenait entre le deuxième et le troisième jour pour les souches nᵒˢ 3-13-14-15.

Nous n'avons pas remarqué de rapport entre la virulence pour la souris et certains caractères culturaux (en particulier la coagulation du lait avec rétraction latérale du caillot) (44).

---

(1) Ces chiffres indiquent le numéro de l'indication bibliographique.

ACTION DES STREPTOCOQUES SUR LE SANG

En 1903, SCHOTTMULLER (36), étudiant les propriétés hémolytiques des streptocoques sur la gélose au sang, en a fait la base
d'une classification.

Il y a pour lui trois sortes de streptocoques :

Le « stretococcus longus pathogenes s. erysipelatos » qui est
hémolytique et manifeste sa présence par une large auréole claire
sur les milieux solides à base de sang ;

Le « streptococcus mitior s. viridans » ;

Le « streptococcus mucosus ».

La majorité des auteurs admet aujourd'hui deux grands groupes
dans les streptocoques :

Les uns sont hémolytiques ; les autres ne le sont pas.

Nous avons repris l'étude du pouvoir hémolytique d'une façon
aussi complète qu'il nous a été possible.

Nous décrirons l'aspect des colonies dans les différents milieux
au sang ; nous suivrons ensuite — ce qui est beaucoup plus intéressant — l'action des streptocoques sur le sang ; sang total
d'abord ; puis, pour mieux pénétrer le phénomène de l'hémolyse,
nous essaierons de dissocier la réaction et de voir l'action des
microbes sur les éléments constitutifs, sur le stroma globulaire,
sur la matière colorante.

Ce travail d'analyse nous permettra de suivre les étapes des
lésions produites. Nous pourrons ensuite reconstituer tout le processus par lequel les streptocoques arrivent à laquer le sang et à
le transformer.

Nous étudierons donc successivement l'action des streptocoques
hémolytiques :

Sur le sang total ;
Sur le stroma globulaire ;
Sur la matière colorante du sang.

Action des streptocoques sur le sang total.

Le sang dont nous nous sommes servi est du sang de mouton
recueilli aseptiquement, citraté ou défibriné. Les deux milieux
que nous avons utilisés sont la gélose au sang et le bouillon au
sang.

Pour préparer la gélose au sang, nous avons suivi la technique indiquée par Schottmuller. A 100 centimètres cubes de gélose fondue et dont la température est amenée à 50 degrés environ, on ajoute 10 cms de sang. Par agitation, on mélange intimement sang et gélose et l'on coule en boîtes de Petri.

Le milieu, fraîchement préparé, présente une belle couleur rouge. Quand les boîtes sont froides, on ensemence en colonies isolées soit en partant d'un bouillon, soit en partant d'une culture sur milieu solide émulsionnée en eau physiologique. Au bout de vingt-quatre ou quarante-huit heures d'étuve les colonies ont poussé et on peut constater l'hémolyse.

Les colonies sont petites, leur diamètre n'excède jamais deux millimètres, elles sont rondes la plupart du temps. Elles se présentent au milieu d'un halo clair tranchant nettement sur la couleur brun rougeâtre qu'a prise le reste de la plaque. Ce halo est en général assez régulier. Son diamètre varie (en prenant comme mesure le diamètre de la colonie qui lui a donné naissance) de trois à dix fois. Les bords du halo sont réguliers. Si on examine avec un objectif faible les colonies, on constate qu'elles affectent différentes formes : les unes donnent l'impression d'un simple soulèvement ; posées sur la gélose on dirait de minuscules calottes. D'autres, plus tourmentées, ressemblent à de petites montagnes dont le sommet formerait le centre de la colonie ; d'autres, enfin, semblent formées de deux parties : une sorte de plateau sur lequel est placée la colonie à sommet pointu.

Bouillon au sang.

Pour fabriquer ce milieu, il suffit d'ajouter 1/2 cc. de sang citraté frais à du bouillon ordinaire. Il est nécessaire de laisser les hématies former un culot et de mettre tous les tubes à l'étuve pendant vingt-quatre heures pour s'assurer de leur stérilité.

Dix à douze heures après l'ensemencement, on constate qu'il s'est produit une hématolyse. Les tubes présentent l'aspect suivant : un culot d'hématies au fond, au-dessus une zone de bouillon qui a pris une belle couleur rouge et qui est plus ou moins haute. L'hématolyse s'étend peu à peu vers la quarante-huitième heure et le milieu tend à passer du rouge au brun.

Ces deux milieux, gélose et bouillon au sang total citraté, ne peuvent servir qu'à constater une chose : que les streptocoques que l'on étudie sont ou ne sont pas hémolytiques. S'il y a hémolyse, la gélose au sang permet de mesurer le degré de cette hémolyse. Suivant que le halo sera plus ou moins grand, suivant qu'il se produira plus ou moins vite, on dira qu'un streptocoque est plus ou moins hémolytique.

Action sur le stroma globulaire.

Pour provoquer le laquage des hématies, il est nécessaire que les streptocoques attaquent le stroma par les toxines qu'ils secrètent.

Nous avons cherché si l'on pouvait, soit directement, soit indirectement, voir ces lésions.

Nous avons soumis des hématies en bouillon ordinaire à l'action des streptocoques. Au bout de quarante-huit heures, quand l'hématolyse était très forte, on décantait le bouillon et on lavait le culot d'hématies en eau physiologique. Le résidu était examiné microscopiquement avec et sans coloration.

On ne trouve plus que des débris de stroma : il est impossible sur plusieurs préparations de voir un seul globule intact.

Nous pouvons donc dire que les streptocoques hémolytiques détruisent l'enveloppe des hématies.

Le procédé que nous avons employé ne nous a malheureusement pas fait saisir le mécanisme du laquage du sang.

Action sur le sang laqué.

Dans la revue qu'ils ont publiée dans le Bulletin de l'Institut Pasteur, en 1918, BURNET et WEISSEMBACH parlent du bouillon à l'hémoglobine. Ils donnent les variations de couleur de ce milieu, soumis à l'action du streptocoque, de l'entérocoque, du pneumocoque comme des caractères différentiels.

Nous avons repris cette étude. Le sang dont nous nous sommes servi est du sang de mouton recueilli par ponction aseptique de la veine et défibriné à l'aide de perles (1).

Laissant de côté le laquage par l'éther, procédé qui ne présente aucun avantage et dont le maniement est assez délicat, nous nous sommes servi d'eau distillée stérile dont nous ajoutons trois volumes à un volume de sang. Le laquage est instantané. A l'aide

---

(1) Nous avons fait comparativement des essais avec du sang défibriné, citraté, oxalaté. Les modifications qui apparaissent dans la coloration du milieu sont les mêmes, quels que soient les procédés utilisés pour empêcher la coagulation. Comme nous l'indiquons plus loin, le sang défibriné est le seul utilisable pour les dosages spectroscopiques.

d'une pipette à boule, on répartit le sang ainsi modifié dans les tubes de bouillon. Le milieu présente alors une belle couleur rouge. On doit ensemencer immédiatement, la conservation (même à la glacière pendant un certain temps) pouvant amener des modifications. .

La première question qu'il semblait intéressant de résoudre était celle-ci : sur quelle matière colorante du sang agit-on ?

Tous les auteurs ont parlé jusqu'ici de « bouillon à l'hémoglobine », de l'action sur « l'hémoglobine du sang ». Or, si l'on procède à des dosages spectroscopiques, on constate que la matière colorante qui rougit le milieu n'est pas de l'hémoglobine, mais de l'oxyhémoglobine. On devrait, d'ailleurs, prévoir ce résultat : l'hémoglobine, corps particulièrement instable, est bien libéré lors de l'éclatement des globules au contact de l'eau, mais il est immédiatement transformé en oxyhémoglobine par contact avec l'oxygène.

L'appellation « bouillon à l'hémoglobine » est donc fausse et nous désignerons toujours ce milieu sous le nom de bouillon au sang laqué ou bouillon à l'oxyhémoglobine.

Quelles sont les modifications qui se produisent sous l'action des microbes ? Des modifications de couleur qui pour certains auteurs seraient particulières à chaque germe.

Au bout de vingt-quatre heures d'étuve, l'entérocoque (1) donnerait une couleur violet rougeâtre, le streptocoque hémolytique rouge violacé, le streptocoque non hémolytique une couleur rouge brun ; au bout de quatre ou cinq jours, entérocoque, streptocoque hémolytique ou non une couleur brune.

Il y a là, à notre avis, des différences bien subtiles. Comment voir qu'un milieu est violet rougeâtre et qu'un autre est « rouge violacé » ? Question d'interprétation personnelle et d'habitude, qui fait que jamais deux observateurs différents n'arriveront au même résultat.

Nous avons répété de nombreuses fois ces expériences sur les streptocoques et sur les entérocoques dont nous disposions. Le résultat de nos observations est celui-ci : le milieu, de rouge qu'il était, vire en vingt-quatre ou quarante-huit heures au brun plus ou moins clair, modification qui va en s'accentuant les deux ou trois jours qui suivent.

Il ne nous a pas semblé qu'il fût possible de faire, à l'œil, des distinctions entre la couleur finale à laquelle aboutissent les strep-

____

(1) Nous laissons de côté le pneumocoque que nous n'avons pas étudié.

tocoques hémolytiques et les entérocoques. L'action a la même rapidité dans les deux cas, et, s'il existe de petites différences, ce sont des différences individuelles qui sont difficilement appréciables parce qu'elles se tiennent toutes dans « la gamme des bruns ».

Bien plus, si on met à l'étuve en même temps que les tubes ensemencés, un tube témoin préparé avec le même bouillon et avec le même sang, on constate qu'au bout de vingt-quatre heures, il a subi les mêmes transformations et qu'il présente la même couleur brune.

Cette série de constatations nous permet de tirer tout de suite une conclusion : le bouillon au sang laqué ne présente aucun intérêt au point de vue pratique pour le diagnostic différentiel entre l'entérocoque et les streptocoques.

Mais l'oxyhémoglobine qui se trouve dans les tubes après le laquage des globules a cependant subi une série de transformations, que ce soit dans les témoins sous l'action de la chaleur, que ce soit dans les tubes ensemencés sous l'action de la chaleur jointe à celle des microbes. Quelle est la nature de ces transformations ? Nous avons vainement recherché dans la littérature médicale des travaux sur cette question.

Personne, semble-t-il, n'a abordé le problème de cette façon pour le streptocoque (1).

La spectroscopie est cependant là seule méthode qui puisse donner des résultats intéressants, puisque l'examen simple des milieux n'aboutit à rien.

Voici comment nous avons disposé cette expérience.

Le bouillon à l'oxyhémoglobine est préparé comme à l'ordinaire. Il est indispensable de se servir de sang défibriné, car l'adjonction de substances chimiques telles qu'oxalate ou citrate fausserait les résultats.

Nous nous sommes servi de trois tubes de bouillon au sang laqué.

Le tube n° 1 est mis à la glacière.

Le tube n° 2 est mis à l'étuve sans être ensemencé.

Le tube n° 3 est ensemencé avec un streptocoque hémolytique et mis à l'étuve.

Au bout de vingt-quatre heures, on lit au spectroscope les résul-

---

(1) Des circonstances indépendantes de notre volonté ont fait que nous n'avons pu étudier que les streptocoques hémolytiques

tats après s'être assuré que les tubes 1 et 2 sont restés stériles et que la culture est pure dans le tube 3 (figure 1).

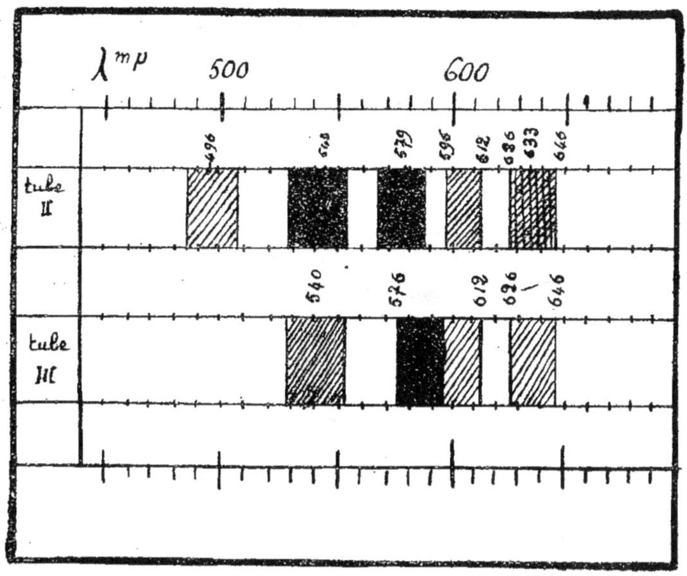

Fig. 1

Nous les résumons dans le tableau suivant.
Le tube n° 1 ne contient que de l'oxyhémoglobine.

Tube n° 2	Tube n° 3
Bouillon au sang laqué-témoin. Forte méthémoglobine acide et alcaline, pas de trace d'hématine. Oxyhémoglobine : 0,70 o/oo. Méthémoglobine acide : 4,2 o/oo. Méthémoglobine alcaline : 3,2 o/oo.	Bouillon au sang laqué ensemencé. Milieu trouble qu'on doit filtrer. Moins de matière colorante en solution. Oxyhémoglobine : 0,0074 o/oo. Méthémoglobine acide : 4,4 o/oo. Méthémoglobine alcaline : 0,055 o/oo.

Le tube témoin n° 2 et le tube n° 3 contiennent donc qualitativement les mêmes corps : oxyhémoglobine et méthémoglobine acide et alcaline. Les streptocoques qui ont été ensemencés dans le tube n° 3 ont poussé si abondamment qu'on a dû filtrer le milieu pour faire l'examen spectroscopique.

Si l'on fait le calcul en poids de chacun des corps contenus dans les tubes 2 et 3 on voit que les quantités de méthémoglobine acide sont les mêmes, à peu de chose près, alors que les quantités de méthémoglobine alcaline et d'oxyhémoglobine ont diminué dans des proportions considérables dans le tube soumis à l'action des microbes.

Il faut remarquer que ce sont les corps alcalins (méthémoglobine alcaline et oxyhémoglobine qui est aussi alcaline) qui ont disparu.

Si nous faisons le rapport de la quantité de méthémoglobine totale (acide et alcaline) à la quantité d'oxyhémoglobine, nous constatons que ce rapport est :

$$\text{dans le tube n° 1 de } \frac{\text{méthémoglobine acide} + \text{méth. alcaline}}{\text{oxyhémoglobine}} = \frac{7.4}{0.7} = 10$$

$$\text{dans le tube n° 3 de } \frac{\text{méthémoglobine acide} + \text{méth. alcaline}}{\text{oxyhémoglobine}} = \frac{4,455}{0,0074} = 630$$

Il croît donc dans la proportion de 1 à 60.

Nous voici en présence d'une série de faits nouveaux dont l'interprétation est assez délicate.

Une première conclusion que nous pouvons formuler tout de suite est celle-ci : le bouillon au sang laqué n'a aucune valeur au point de vue pratique puisque le spectroscope seul peut révéler des différences *quantitatives* entre les produits formés dans les tubes témoins et dans les tubes ensemencés.

Mais comment expliquer la différence de poids qui existe entre les produits de transformation trouvés dans nos tubes 2 et 3 ?

Nous ne pouvons faire qu'une hypothèse.

Les streptocoques qui ont poussé avec une abondance telle qu'il a été nécessaire de filtrer le milieu pour pouvoir procéder aux examens spectroscopiques ont pu, par un phénomène de « collage », fixer sur eux les matières alcalines du milieu et les entraîner avec eux.

C'est, nous semble-t-il, la seule explication qui soit satisfaisante pour comprendre à la fois la disparition d'une certaine quantité des corps en solution et l'augmentation du rapport des quantités d'oxyhémoglobine à celle de méthémoglobine.

Après avoir ainsi analysé point par point l'action du streptocoque sur le sang, il nous restait à voir si la synthèse que nous pouvions faire avec les résultats acquis était bien applicable à l'infection expérimentale ; en d'autres termes, si le sang était bien attaqué de la manière suivante : d'abord lésions du stroma globulaire, puis hémolyse, enfin transformation des matières colorantes.

Est-ce que le stroma globulaire est attaqué *in vivo* ? Une seule méthode s'offrait à nous : l'étude de la résistance globulaire.

Voici notre technique : nous avons infecté expérimentalement un lapin par voie intra-veineuse avec une dose très forte de streptocoque hémolytique. D'heure en heure nous avons suivi les modifications de la résistance de ses globules. Cette dernière était mesurée par le procédé classique (sang non déplasmatisé dans les mélanges eau distillée-eau physiologique ; mélanges dont les titres vont de 18 à o; o étant le titre de la solution pure de NaCl, 18 celui de l'eau distillée).

Le sang de l'animal présentait avant l'inoculation une résistance égale à 4,5-5.

2 heures après l'inoculation la résistance est de 4

6 3-3,5

12 3-2,5

18 2

24 1,5-2

26 heures après l'inoculation, le lapin meurt et son sang est complètement laqué.

Ces mesures nous montrent que « *in vivo* » chez le lapin, le streptocoque attaque le stroma globulaire, attaque qui se traduit cliniquement par une diminution de la résistance globulaire.

Besredka, Jupille, Breton ont montré que c'est la streptocolysine qui s'attaque aux globules rouges (3-11-25).

Si nous résumons tous les résultats que nous avons acquis nous pouvons traduire de la façon suivante le processus de l'infection dans les cas de streptococcie :

Le streptocoque hémolytique introduit dans le torrent circulatoire s'y développe, secrète de la streptocolysine qui lèse peu à peu l'enveloppe des globules rouges. L'hémoglobine est mise en liberté et est transformée en méthémoglobine acide et alcaline.

ACTION DES STREPTOCOQUES
SUR LE PLASMA

GRATIA, au cours d'une série de recherches sur la coagulation du sang (18), a retrouvé et étudié un phénomène signalé par différents auteurs (MUCH : Biosch. Zeitschr. 1908 ; KLEINMILCH : Zeit. für Immunitat. 1909 ; GONZENBACH : Centralblatt, 1916 ; DELREZ, Ambulance de l'Océan : 1918) : le staphylocoque a la propriété de faire coaguler le plasma oxalaté.

Il attribue ce phénomène à la production par le staphylocoque de « straphylocaogulase ».

L'expérience consiste à ensemencer du plasma oxalaté avec du staphylocoque. Au bout d'un séjour à l'étuve variable, on recalcifie le milieu : la coagulation se produit en un temps beaucoup plus court que normalement.

GRATIA signale que le streptocoque hémolytique diminue le plus souvent la coagulabilité.

Nous avons repris ces recherches. Elles sont malheureusement difficiles à réaliser ; elles nécessitent le sacrifice d'un animal à chaque fois et demandent pour avoir quelque valeur à être exécutées avec une technique parfaite.

Voici avec quelques détails la suite d'opérations nécessaires pour obtenir du plasma oxalaté. Cette technique est inspirée de celle de BORDET (8-9). Les modifications que nous y avons apportées sont minimes et n'ont pour but que de rendre les manipulations plus commodes.

Nous nous sommes servi du lapin. Le cou de l'animal étant lavé et rasé, on cherche la carotide. Deux fils sont placés à un centimètre et demi environ l'un de l'autre autour du vaisseau. Le fil périphérique est lié (par opposition au fil que nous appellerons central, dont le nœud est prêt, mais non serré). On place une pince à oreille sur le vaisseau à côté du fil central. On isole ainsi une section de carotide longue d'environ deux centimètres. On introduit dans le vaisseau, ainsi préparé, entre la pince et le fil périphérique, une canule en argent parafinée avec son trocart. Cette canule est du modèle qui sert pour les saignées pour les cultures de tissus. On enlève la pince à oreille, on enlève le trocart, on

perd les premières gouttes de sang qui s'écoulent et on reçoit
dans des tubes parafinés contenant 1/10 de leur volume d'une
solution d'oxalate de soude à 1/100. Ces tubes sont de gros tubes
à centrifugeuse. On en remplit la quantité voulue, on agite de
façon à mélanger sang et oxalate ; on centrifuge aussitôt à
3.000 tours au moins pendant un quart d'heure. La centrifugation
finie, on décante le plasma qu'on conserve en tubes de verre nu
à la glacière pendant trois ou quatre jours au maximum, délai
pendant lequel il reste identique à lui-même. La précaution essen-
tielle à observer pendant cette suite de manipulations est que le
sang ne soit en contact avec rien d'autre qu'avec la paraffine, la
moindre faute provoquant la coagulation spontanée.

Le plasma ainsi obtenu est décalcifié ; il ne se coagule pas parce
qu'il est privé des sels de calcium indispensables à la formation
de la thrombine. Pour provoquer sa coagulation il est nécessaire
de lui ajouter des sels de calcium. Pour ce faire, on prépare une
solution de $CaCl^2$ (appelée par BORDET EPCa), telle que 4 volumes
de cette solution renferment une fois et demie la quantité de sels
calciques nécessaires à la neutralisation de 1 volume d'oxalate à
1 pour 1000. Pour obtenir la coagulation on ajoute à 1 volume
de plasma pur 4 volumes d'EPCa.

Les expériences que nous avons faites portent sur quatre de nos
souches (n°s 4-14-19). Le plasma pur recalcifié se coagulait en
55 minutes. A 0.25 cc. de plasma nous ajoutons 0.1 cc. d'une
émulsion de streptocoque hémolytique en eau physiologique.

Voici les résultats que nous avons obtenus :

On ajoute l'émulsion, la recalcification est faite :	N° 4	N° 14	N° 19
	La coagulation se produit en :		
Aussitôt :	60 minutes.	65 minutes.	50 minutes.
Après 1/2 heure d'étuve.	1 heure 1/4.	1 heure 20.	45 minutes.
Après 1 heure d'étuve...	1 heure 20.	1 heure 25.	30 minutes.
Après 2 heures d'étuve..	1 heure 30.	1 heure 30.	25 minutes.

Les souches 4 et 14 diminuent la coagulabilité. La souche 19
l'augmente.

Au bout de plusieurs heures de séjour à l'étuve la coagulation
ne se produit plus pour les n°s 4 et 14 malgré l'adjonction d'EPCa.

D'autre part, si on chauffe à 55° ce plasma de streptocoque, il se trouble ; il contient donc encore du fibrinogène.

Ajouté à du plasma pur, il augmente son temps de coagulation d'une façon appréciable.

Nous arrivons aux mêmes conclusions que GRATIA. Le streptocoque hémolytique rend le plus souvent le plasma moins coagulable parce qu'il contient des substances empêchantes.

INFLUENCE DE LA CONCENTRATION EN IONS HYDROGÈNES SUR LE DÉVELOPPEMENT DES STREPTOCOQUES HÉMOLYTIQUES.

L'étude de la concentration en ions hydrogènes des milieux de culture a pris, ces dernières années, une grande importance. Elle permet, en effet, de travailler avec des milieux dont l'acidité ou l'alcalinité est connue d'une façon précise, de voir les variations, leur influence sur le développement des microorganismes. DERNBY a montré que le point le plus intéressant à déterminer était la zone de « développement maximum ». Cette zone varie pour chaque milieu et pour chaque microbe. Sa connaissance permettra d'avoir à coup sûr le développement le plus complet pour un microbe donné.

Nous avons employé pour ces recherches une échelle colorimétrique allant de Ph=6,6 à 7,8 (1).

Nous avons étudié l'action de la concentration en ions H du bouillon ordinaire : nos résultats ne sont donc valables que pour ce milieu. Nous fabriquions plusieurs litres de bouillon d'un seul coup. Titré, réparti, stérilisé, nous ne l'utilisions que deux ou jours après cette dernière opération. C'est, en effet, le moment où la concentration est revenue au taux désiré, ainsi que l'a montré DERNBY (14).

Pour un streptocoque donné nous ensemencions toute la série des tubes comprise entre Ph=6,6 et Ph=7,8 et pour chaque concentration cinq tubes de façon à pouvoir suivre pendant plusieurs jours les variations de l'acidité.

Nos résultats concordent en partie avec ceux des auteurs américains (16-23). Malheureusement le peu d'étendue de notre échelle colorimétrique ne nous a permis de mesurer ni l'augmentation de l'acidité, ni le moment où apparaît l'acidité d'arrêt, ni même toute la zone favorable à la croissance du streptocoque hémolytique.

(1) Pour la construction de l'échelle colorimétrique, pour le mode opératoire, nous renvoyons aux articles de Ponselle et de Dernby (32-14). Nous ferons remarquer que ce n'est pas l'indicateur qu'indique Ponselle (p. 606) dans son article qu'il faut employer : il faut se servir de rouge de phénol et non de phénolphtaléine.

Le streptocoque hémolytique pousse bien dans les bouillons ordinaires ayant une concentration en ions H comprise entre Ph=6,8 et Ph=7,8. FOSTER a trouvé que la croissance pouvait se faire même dans des milieux beaucoup plus alcalins (jusqu'à 8,5).

Quant à la concentration finale en ions hydrogènes, elle varie entre Ph=4,8 et Ph=5,4.

Pour les bouillons glucosés à 1 pour 100 les limites optima sont Ph=6,3 et Ph=8,5. Pour les bouillons glucosés auxquels on ajoute 5 pour 100 de sérum de cheval elles sont de 5,9 et 9,25.

ACTION SUR LES SUCRES

Les propriétés fermentatives des streptocoques ont été très étudiées, surtout par les auteurs américains.

C'est Gordon (17) qui, le premier, fit sur ce sujet des recherches systématiques.

En parcourant les divers travaux écrits sur cette question on voit que les chercheurs ont essayé d'établir des classifications basées sur les caractères de fermentation, classifications semblables à celles qui existent pour d'autres microbes.

C'est ainsi que Salomon (37) fait deux groupes : Strep. Pyogenes et Strep. mucosus. Chacun d'eux est divisé en deux sous-groupes suivant que le microbe attaque ou non la glycérine, la mannite, l'arabinose et le raffinose. Ce n'est là qu'une prétendue classification car elle se base en réalité non pas sur des propriétés fermentatives mais sur des indications d'origine et des aspects morphologiques, caractères qui n'ont aucune valeur.

Bergey (2) en faisant l'étude dans le milieu de Hiss de 92 échantillons aboutit à la formation de huit groupes.

Hopkins et Lang (22) font 7 groupes avec 105 échantillons en se servant de lactose, salicine, raffinose, mannite inuline.

Kliger fait 3 groupes avec 60 échantillons (26).

Blake (7) distingue d'abord les streptocoques hémolytiques et les streptocoques non hémolytiques. Dans chacun de ces groupes, il établit des sous-groupes par l'action sur les sucres. Le tableau que nous reproduisons ci-dessous résume sa classification :

Stepto hemolysans : lactose + ; saccharose + ; salicine +.

	lactose + mannite —	Strepto. Buccalis.
Strep. non hemolysans.	lactose + mannite +	Strepto. Faecalis.
	lactose — mannite —	Strepto. Equinis.

La lecture de tous ces travaux montre que l'on aboutit à une confusion indescriptible dont rien de clair et de profitable ne peut sortir. Aucune de ces classifications n'a réussi à s'imposer : aucune d'elle n'est simple. Comment se retrouver au milieu des 48 groupes de Gordon ou des 16 groupes de Holman ? Aucune d'elles n'est pratique. Nous verrons d'ailleurs dans un chapitre ultérieur qu'elles ne correspondent à aucun autre caractère des streptocoques.

A quoi donc attribuer cette confusion ? Une des premières remarques à faire est que tous les auteurs ne se sont pas servis pour faire leurs recherches du même milieu. Blake se sert d'un bouillon de viande contenant 2/oo de peptone auquel on ajoute 1/oo du sucre à étudier. Hiss se sert d'un milieu aujourd'hui classique ainsi fabriqué : à une partie de sérum de bœuf on ajoute trois parties d'eau. On chauffe à 100 degrés, puis on ajoute 1/oo du sucre à étudier. On stérilise par chauffage discontinu ; trois jours à 100 degrés pendant une heure.

Les résultats obtenus par Hiss sont-ils comparables à ceux obtenus par Blake ou par tel autre auteur se servant d'un milieu différent ? Nous ne le pensons pas.

Mais il est encore deux objections plus graves que l'on peut soulever : la première est que les hydrates de carbone ont peut-être été transformés pendant la stérilisation ; la seconde est que la lecture des résultats est souvent impossible dans les milieux liquides.

Les hydrates de carbone peuvent être transformés au cours de la stérilisation. Blake et Hiss insistent avec juste raison sur la nécessité de stériliser en chauffant le moins possible ; ils recommandent de faire de la tyndallisation. Mais même par ce procédé, il est probable que l'on modifie la composition de certains sucres très fragiles tels que le lactose ou le lévulose.

La filtration serait le procédé de choix si elle n'avait l'inconvénient d'être peu pratique et de modifier la concentration des solutions.

La lecture des résultats, avons-nous dit, est souvent impossible. En effet, on ajoute au milieu de Hiss (en prenant ce milieu liquide comme exemple) de la teinture de tournesol comme indicateur ; on obtient alors une belle teinte bleue. Mais après l'action du microbe, on a souvent des teintes roses franc, mais très souvent aussi des teintes qui ne sont ni roses ni bleues, qui semblent bleues sous certaines incidences, roses sous d'autres, et pour lesquelles on est incapable de dire s'il y a eu fermentation ou non.

En résumé, nous nous trouvons en présence d'une série de classification sans grand intérêt et d'une technique qui, par le mode de fabrication des milieux, est loin d'être parfaite.

Reprenant cette étude, nous nous sommes d'abord attaché à fabriquer un milieu simple qui ne présente pas les inconvénients que nous venons de signaler.

Voici la technique que nous avons adoptée.

On prépare d'abord, au moment de s'en servir, la solution de sucre. Pour cela, en manipulant d'une façon aussi stérile que possible, on pèse la quantité nécessaire (2 grammes), on l'introduit dans un vase stérile contenant de l'eau distillée stérile. Si la dissolution ne se fait pas très vite, l'agitation du tube l'accélère.

D'un autre côté, on fait fondre au bain-marie 100 centimètres cubes de gélose stérile. Quand elle est complètement liquide on la laisse refroidir jusque vers 5o degrés. A ce moment, la main doit pouvoir tenir le ballon dans lequel la gélose est contenue. C'est là un procédé grossier et assez infidèle, chaque expérimentateur ayant une sensibilité particulière.

Aussi, il est préférable de mettre le vase contenant la gélose dans un bain-marie et de suivre avec un thermomètre l'abaissement de la température.

Au moment où elle est arrivée au point convenable, on ajoute la solution de sucre qu'on a préparée, on agite fortement, on ajoute du tournesol stérile, en quantité suffisante, pour avoir une belle teinte bleue et on coule rapidement dans des boîtes de PETRI stériles.

Après refroidissement on met vingt-quatre heures à l'étuve pour s'assurer de la stérilité des milieux.

Au premier abord, cette technique qui évite de chauffer les sucres semble incorrecte au point de vue bactériologique.

Cependant, nous avons été surpris nous-même des excellents résultats qu'elle nous a donnés. Nous avons fabriqué ainsi pour l'ensemble des sucres que nous avons étudiés plus de quatre cents boîtes. La proportion des boîtes que nous trouvions infectées après le séjour d'épreuve à l'étuve n'a jamais dépassé 10 pour 100.

Il est nécessaire, et nous insistons sur ce point, d'opérer la solution de sucre d'une façon aussi stérile que possible. On verse le sucre pris dans le flacon livré par le fabricant sur un papier propre pour le peser ; de là, on le met immédiatement dans le tube flambé contenant l'eau distillée stérile.

Les avantages de cette technique sont nombreux : elle est simple, elle ne modifie pas les sucres ; enfin elle permet une lecture facile des résultats.

Après l'ensemencement, les colonies font virer du bleu au rouge plus ou moins intense le tournesol, sans que l'on observe jamais les teintes dichroïques qui apparaissent dans les milieux liquides. Les sucres que nous avons étudiés sont les suivants : glucose, lactose, saccharose, galactose, lévulose, inuline, mannite, maltose, xylose, sorbite.

Les résultats que nous avons observés sont indiqués dans le tableau suivant : le signe + indique une fermentation, le signe — la non fermentation.

N°s	Glucose	Lévulose	Lactose	Galactose	Saccharose	Maltose	Inuline	Mannite	Xylose	Sorbite
1	—	+	+	+	+	+	—	—	—	—
2	—	+	—	+	+	+	—	—	—	—
3	—	+	+	+	+	+	—	—	—	—
4	+	+	—	+	+	+	—	—	—	—
5	+	+	—	—	+	+	—	+	—	—
7	+	+	+	+	+	+	—	—	—	—
8	+	+	+	—	+	+	—	—	—	—
9	+	+	+	—	+	+	—	—	—	—
10	—	+	+	+	+	+	—	—	—	—
12	+	+	—	+	+	+	—	+	—	—
13	+	+	+	+	+	+	—	+	—	—
14	+	+	—	+	+	—	—	—	—	—
15	+	+	+	+	+	+	—	—	—	—
16	+	+	+	—	+	+	—	—	—	+
17	+	+	+	—	+	+	—	—	—	—
18	+	+	—	+	+	+	—	—	—	—
19	+	+	—	—	+	+	—	+	—	—
20	+	+	—	+	+	+	—	—	—	—

En examinant avec soin le tableau précédent, nous est-il possible d'établir une classification parmi les streptocoques hémolytiques ? Non, car nous aboutissons à la formation d'une dizaine de groupes qui ne correspondent à rien et n'ont aucune signification.

Blake, dans sa classification que nous avons rapportée, commence par distinguer les streptocoques hémolytiques des streptocoques non hémolytiques. Il cherche ensuite leurs caractères fermentatifs et aboutit à cette conclusion qu'ils correspondent à l'action sur le sang.

En nous reportant aux résultats que nous avons obtenus, nous voyons que si tous les streptocoques hémolytiques font, en effet, fermenter le saccharose, ils sont loin d'agir de même avec le lactose.

D'autre part, dans les « non hemolysans » de Blake l'espèce « equinis » ne fait fermenter ni le lactose ni la mannite. La souche 20 qui possède une action hémolytique particulièrement marquée ne fait pas non plus fermenter ces deux sucres.

Il est enfin une objection des plus graves que l'on peut faire à toutes ces tentatives de classement. Walker (48) a montré que l'action des streptocoques sur les sucres est variable, c'est-à-dire qu'un même microbe faisant fermenter un hydrate de carbone à un moment donné peut ne plus le faire fermenter quelque temps après. Ces variations sont dues, soit aux milieux de culture employés, soit aux passages que l'on fait subir à la souche : dans certains cas, elles se produisent sans que l'on puisse rien incriminer. C'est ainsi qu'en un an, une souche est passée pour un sucre donné par + — + —. Il y a, en outre, une sorte de convergence vers une action semblable : des streptocoques différents cultivés un certain temps sur des milieux identiques tendent à donner une même réaction.

La conclusion que nous tirerons de cette étude est qu'il est impossible de faire une classification des streptocoques d'après leurs caractères fermentatifs.

CLASSIFICATION DES STREPTOCOQUES

La multiplicité des localisations pathologiques du streptocoque, la diversité de ses caractères morphologiques, culturaux et biologiques ont fait que l'on a cherché à savoir s'il ne s'agissait pas d'un groupe de microbes divisible en plusieurs sous-groupes.

Le nombre des classifications proposées est considérable : aucune n'a encore réussi à s'imposer.

L'aspect microscopique, les caractères des cultures, l'origine ont tour à tour servi de base à des essais de classification : aucune d'elles n'a pu résister à un examen approfondi : caractères morphologiques ou culturaux sont en effet variables.

L'action sur les sucres ne peut pas, ainsi que nous l'avons montré, donner de résultats.

Schottmuller a fait une classification basée sur le pouvoir hémolytique de certains streptocoques. Nous rappelons ici qu'il distingue trois variétés : Streptococcus longus pathogenes — Streptococcus viridans — Streptococcus mucosus.

C'est en recherchant l'action des streptocoques sur le sang que la majorité des auteurs admet aujourd'hui deux grandes catégories : le Streptocoque hémolytique et le Streptocoque non hémolytique.

La question que nous nous sommes posée a été la suivante : Est-ce que le groupe « streptocoque hémolytique » forme bien un groupe à part ? N'y a-t-il pas moyen de faire un classement en streptocoques très hémolytiques, moyennement hémolytiques et peu hémolytiques, puisque sur la gélose au sang on peut, suivant la grandeur de l'hémolyse, créer ces divisions.

Pour vérifier cette hypothèse, nous avons cherché si l'action sur le sang correspondait à des caractères sérologiques.

Les streptocoques que nous étudions ayant été classés d'après la grandeur du halo qu'ils produisaient sur la gélose au sang en très hémolytiques, moyennement et peu hémolytiques, nous avons préparé deux vaccins mixtes, l'un appelé TH (très hémolytique), l'autre MH (moyennement hémolytique). Les cultures sur gélose âgées de quarante-huit heures étaient émulsionnées en eau physiologique ; les corps microbiens étaient lavés et chauffés. Le vaccin était ensuite titré.

Nous avons fait à des lapins deux injections à une semaine d'intervalle par voie intra-veineuse ; toutes deux de 5oo millions de streptocoques. Les microbes avaient été chauffés une heure à

70° avant la première injection, une demi-heure à 55° avant la seconde. Les animaux étaient saignés neuf jours après la seconde inoculation, les sérums étaient conservés à la glacière.

La préparation de l'émulsion pour l'agglutination présenta quelque difficulté. Pour éviter l'agglutination spontanée en bouillon nous nous sommes servi de culture sur gélose. Ces cultures âgées de vingt-quatre heures étaient émulsionnées en eau physiologique. On dissociait autant que possible le produit de râclage sur le bord d'un tube ; puis dans l'eau physiologique même nous avons effectué une sorte de broyage avec une tige de verre pendant une demi-heure au moins.

Après lavage, nous obtenions ainsi des suspensions microbiennes qui se présentaient sans floculation à la loupe à fond noir. Elles étaient titrées à 1 milliard par cc.

Le mélange microbe-sérum était effectué par les méthodes ordinaires ; nous laissions à la température du laboratoire et le résultat était lu au bout de vingt-quatre heures à l'agglutinoscope.

Le tableau ci-dessous résume les résultats obtenus.

	NUMÉROS DES SOUCHES	SÉRUM PRÉPARÉ AVEC LE VACCIN M H. TAUX DE L'AGGLUTINATION	SÉRUM PRÉPARÉ AVEC LE VACCIN T H. TAUX DE L'AGGLUTINATION	SÉRUM NORMAL
Souches très hémolytiques	10	1/200	1/2000	1/200
	15	1/2000	1/5000	1/100
	16	1/100	1/2000	1/200
	17	1/100	1/2000	1/100
Souches moyennement hémolytiques	19	1/500	1/500	1/100
	20	1/200	1/500	1/50
	5	1/1000	1/200	1/100
	8	1/5000	1/5000	1/200
	13	1/1000	1/5000	1/50
	14	1/1000	1/500	1/50
	2	1/1000	1/2000	1/200
	3	1/500	1/2000	1/200
Souches peu hémolytiques	4	1/100	1/5000	1/50
	7	1/200	1/5000	1/200
	9	1/500	1/5000	1/50
	12	1/5000	1/5000	1/200
	1	1/100	1/2000	1/50
	18	1/100	1/200	1/100

L'examen de ce tableau nous montre que :

— Le sérum d'un animal normal agglutine souvent les streptocoques hémolytiques à un taux aussi élevé que les sérums préparés.

— Le sérum d'un animal vacciné avec un streptocoque donné agglutine les microbes homologues à un taux variable, tantôt égal, tantôt inférieur, tantôt supérieur à celui auquel il agglutine les microbes hétérologues.

Ces résultats nous amènent à la conclusion qu'il n'est pas possible de faire dans le groupe des streptocoques hémolytiques des divisions basées sur la grandeur de l'hémolyse (1).

(1) Au cours de ces essais nous avons fait les remarques suivantes : en regardant toutes les demi-heures au début, toutes les heures, ensuite la formation des agglutinats on constate que la flocation apparaît dans la première demi-heure, augmente ensuite d'une façon sensible jusqu'à la fin de la première heure, reste égale à elle-même jusqu'à la dix-huitième heure et n'atteint son maximum qu'aux environs de la vingt-quatrième heure.

L'agglutination n'est pas régulière. Nous voulons dire par là qu'elle sera très forte au 1/50 par exemple, qu'elle n'existera pas à 1/200, qu'elle reparaîtra à 1/500, diminuera à 1/1000 et disparaîtra complètement ensuite.

Ce phénomène « des trous » est constant et peut présenter les modalités les plus diverses.

ENTÉROCOQUES ÉTUDIÉS

Les entérocoques que nous avons étudiés sont ceux de la collection de l'Institut de Bactériologie de Strasbourg.

Ils sont au nombre de 26. Nous les avons cultivés sur gélose ordinaire inclinée. Repiqués tous les mois environ, après vingt-quatre heures de séjour à l'étuve, ils étaient maintenus à la température du laboratoire. Nous n'avons malheureusement que quelques origines.

La souche n° 13 a été isolée des selles d'un enfant ayant présenté des troubles digestifs ; la souche n° 23, du pus d'une fracture compliquée ; la souche n° 26, du pus d'une sinusite frontale.

CARACTÈRES MORPHOLOGIQUES, CULTURAUX ET VIRULENCE DE L'ENTÉROCOQUE.

La dénomination de « proteiformis » qu'a donnée THIERCELIN au diplocoque qu'il a décrit, indique qu'à côté d'une forme type il peut présenter de nombreux aspects.

En bouillon ordinaire, les entérocoques que nous avons étudiés se présentaient le plus souvent sous forme de diplocoques légèrement allongés, ronds parfois, placés bout à bout ou côte à côte. Parfois ils formaient des chaînettes plus ou moins longues.

Nous avons observé, mais rarement, les formes en croix signalées par JOUHAUD. Le sérum coagulé nous a semblé le milieu sur lequel l'entérocoque prenait le plus facilement la forme staphylococcique : il était alors impossible de le distinguer d'un staphylocoque véritable.

Dans les milieux pauvres (eau salée, par exemple), on voit apparaître les formes dites d'involution. On est étonné de la variété de ces aspects et nous nous somes souvent demandé si nos cultures n'étaient pas souillées jusqu'au moment où repiqué dans un milieu riche l'entérocoque reprenait sa forme habituelle.

Caractères culturaux de l'entérocoque.

Nous avons fait passer tous les entérocoques que nous avons étudiés sur les milieux couramment employés dans les laboratoires. La plupart du temps nous avons retrouvé les caractères décrits par les classiques. Nous avons cependant observé un certain nombre de faits nouveaux que nous voulons rapporter ici.

Bouillon ordinaire. — Le caractère le plus frappant est l'extraordinaire rapidité de pousse de l'entérocoque. En deux ou trois heures, il est possible d'obtenir un trouble net et uniforme qui va en s'accentuant dans les heures qui suivent. Cette « exubérance » est liée à la vitalité remarquable du microbe. C'est là, d'ailleurs, un caractère sur lequel nous insisterons et qui, à notre avis, est des plus importants pour la différenciation de ce microbe.

On peut aussi voir, lorsqu'on agite les cultures jeunes en bouillon, la formation d'ondes analogues aux ondes qui ont été signalées pour le bacille d'Eberth. Ce phénomène est constant et très net la plupart du temps.

Si on laisse la culture à l'étuve, au bout de deux ou trois jours le bouillon s'est plus ou moins éclairci. Si on agite, un tourbillon s'élève en vrille du fond du tube.

Bouillon glucosé. — La pousse a la même rapidité qu'en bouillon ordinaire, mais elle est plus abondante en ce sens qu'au bout de vingt-quatre heures, on constate au fond du tube une couche de corps microbiens dont la hauteur peut atteindre le cinquième ou le quart de celle du milieu contenu dans le tube.

Gélose ordinaire inclinée. — Ce milieu est excellent pour la conservation dans les collections de l'entérocoque. Il y pousse bien, mais cependant pas avec la même intensité que sur les autres milieux. Il y conserve longtemps sa vitalité.

En ensemençant en stries on commence à voir les colonies isolées au bout de vingt-quatre heures de séjour à 37°. Elles sont légèrement saillantes, régulièrement circulaires. Leur diamètre varie de $0,5^{mm}$ à 1^{mm}. Légèrement translucides, leur surface est unie et brillante. Après quarante-huit heures d'étuve leur diamètre peut atteindre 1^{mm} à 2^{mm}. Leur forme n'a pas changé. Elles sont à leur point de développement maximum et n'augmenteront plus de taille. Si les colonies sont confluentes, elles forment une sorte d'enduit à la surface de la gélose. On les voit bien alors à la lumière frisante et par transparence. Leur surface est comme humide.

Gélose profonde. — La culture se fait bien.

Sérum incliné. — La culture se fait bien. Si on l'examine au microscope on constate que l'entérocoque qui, au moment de l'ensemencement se présentait sous son aspect classique, a pris la forme staphylococcique.

Lait. — Le milieu est coagulé d'une façon constante.

La coagulation peut se présenter sous deux aspects différents. Tantôt il y a coagulation en masse, tantôt coagulation avec rétraction latérale du caillot.

Cette coagulation, dans l'un comme dans l'autre cas, apparaît entre 24 heures et 5 jours. (Sur 26 entérocoques : 8 au bout de 24 heures, 4 à 48 heures, 7 à 3 jours, 5 à 4 jours, 1 à 5 jours.)

Elle est constante quant à son moment d'apparition et quant à son mode de formation.

La coagulation avec rétraction latérale du caillot a été décrite par Tissier et de Coulon pour le streptocoque (44). Elle n'avait pas encore été signalée pour l'entérocoque. Nous verrons d'ailleurs que ce caractère joint à un certain nombre d'autres nous permettra de décrire une espèce nouvelle.

Sérum. — En sérum de bœuf, l'entérocoque pousse bien sans qu'il apparaisse de modifications dans sa morphologie. Si l'on se sert de milieu de Hiss (sérum : une partie ; eau : deux parties) et si l'on remplace l'inuline par de la mannite on peut constater au bout de six jours en moyenne une coagulation du milieu. Ce phénomène est constant, il n'est pas spécifique, car il se produit parfois avec le streptocoque.

Gélatine. — L'entérocoque pousse bien quand il est ensemencé par piqûre en gélatine ordinaire. Il est classique de dire que l'entérocoque ne liquéfie pas ce milieu. C'est même là un des caractères essentiels de différenciation avec le staphylocoque.

Or, il y a des entérocoques qui liquéfient la gélatine.

Lorsqu'au cours de nos expériences nous nous sommes trouvé en face de ce fait, nous avons d'abord cru à une faute de technique ou à une souillure de nos cultures. Nous avons procédé à des isolements en gélose et en gélatine, à des vérifications sur différents milieux, et nous sommes reparti de colonies isolées. Les résultats que nous avons obtenus ont été les mêmes. Ils ont été constants. Répétés à diverses reprises avec des gélatines ne provenant pas de la même fabrication, nous avons toujours obtenu pour les mêmes microbes une liquéfaction dont les caractères n'ont pas changé.

Elle se produit dans un intervalle qui varie entre le troisième jour et le septième jour après l'ensemencement.

On observe d'abord la formation d'une sorte de cône de gélatine liquide dont la base est à la partie libre du milieu de culture. et dont le sommet est au fond du tube. La couleur en est blanchâtre, les bords nets. Dans les jours qui suivent, la liquéfaction gagne tout le culot de gélatine et elle est bientôt complète.

L'examen microscopique révèle des entérocoques de forme classique. Parmi les 26 entérocoques que nous avons étudiés, 8 liquéfiaient la gélatine. Il ne s'agit donc pas là d'une espèce unique, d'un caractère inconstant. Ce sont ces 8 souches et, elles seules, qui coagulent le lait avec rétraction latérale du caillot. Nous montrerons dans les chapitres suivants que cette race d'entérocoque possède, joints à ces caractères culturaux, des caractères sérologiques qui nous permettront d'en faire une espèce nouvelle.

Milieux au sang. — Nous étudierons l'action des entérocoques sur les milieux au sang dans un chapitre spécial.

Virulence de l'entérocoque.

L'entérocoque est un microbe qui, saprophyte habituel, peut devenir pathogène sous l'effet de circonstances diverses.

L'animal de choix pour l'étude de son action est, à notre avis, le lapin.

Si l'on injecte à un lapin une certaine quantité d'entérocoques (5oo millions par exemple, par la voie intra-veineuse), l'animal ne présente aucun symptôme pendant quelques jours. Mais si on le pèse, on constate qu'il perd peu à peu de son poids. Cet amaigrissement est visible vers le sixième ou le septième jour après l'inoculation. (Dans une de nos expériences, l'animal sain pesait 1 kg 2oo; six jours après l'inoculation, il pesait 1 kilog; onze jours après, 7oo grammes ; quinze jours après, au moment de sa mort, 5g5 grammes.)

Au dixième jour environ, on constate que le train arrière n'a plus la même mobilité, au bout de douze à quatorze jours, il est complètement paralysé, l'animal reste inerte dans sa cage, il ne bouge plus ; si on le pousse, il roule, essaye de se déplacer avec ses pattes de devant sans y parvenir. Il ne se nourrit plus. Il meurt dans un état de cachexie avancée vers le quinzième jour.

Tel est le tableau habituel de l'infection expérimentale chez le lapin.

A l'autopsie, l'intestin seul est touché et présente des lésions d'entérite.

L'entérocoque est pour nous un microbe fabriquant (dans les cas d'entérococcie) une toxine athrepsiante. La deshydratation est le symptôme capital. Nos résultats concordent d'ailleurs d'une façon parfaite avec ceux de THIERCELIN, de JOUHAUD et de SALES (42-34-24-5r).

La souris nous a semblé peu sensible à l'entérocoque. L'inoculation intrapéritonéale de doses considérables (1 milliard) n'a pas produit d'effet.

Quant au rôle pathogène de l'entérocoque chez l'homme, il est, croyons-nous, très étendu ; beaucoup plus qu'on ne le suppose normalement. Hôte habituel de l'intestin, il est capable de provoquer des syndromes entéritiformes ; agent probable de l'athrepsie, il peut se localiser dans tous les points de l'organisme. Mieux connu aujourd'hui, on le trouve signalé un peu partout dans la littérature médicale et nous avons la conviction que, du jour où on saura le distinguer parfaitement, on s'apercevra qu'il est, ou seul ou associé, la cause de nombre d'infections attribuées à tort à d'autres microbes.

ACTION DE L'ENTÉROCOQUE SUR LE SANG

Nous avons étudié l'action de l'entérocoque sur le sang de la même manière que pour le streptocoque.

L'étude est ici beaucoup moins complexe et nous pouvons dire tout de suite que pour le moment on ne peut en tirer aucune conclusion, quant à la classification des entérocoques entre eux ou quant à leur différenciation d'avec les streptocoques.

En bouillon au sang citraté frais, on ne constate aucune hématolyse. Il se forme un culot d'hématies à la partie inférieure du tube et le bouillon, troublé par une pousse très abondante du microbe, garde sa coloration ordinaire.

On constate cependant dans ce milieu un phénomène de coagulation que nous étudierons dans le chapitre suivant.

Le bouillon au sang laqué prend une couleur brune qui, ainsi que nous l'avons montré précédemment, n'est pas particulière à l'entérocoque (1).

Sur gélose au sang en boîtes de PETRI, on ne constate aucune zone d'hémolyse. L'entérocoque pousse très bien, donne de petites colonies circulaires d'un diamètre variant de $0,5^{mm}$ à 1^{mm}. Ces colonies ne présentent rien de particulier.

Enfin, le sang d'un animal infecté expérimentalement ne présente aucune modification de sa résistance globulaire.

---

(1) Des circonstances indépendantes de notre volonté ont fait que nous n'avons pas pu effectuer pour l'entérocoque les mesures spectroscopiques que nous avons faites pour le streptocoque. Là, cependant, est. peut-être, la seule méthode qui pourrait permettre, à coup sur, de différencier streptocoques et entérocoques.

ACTION DE L'ENTÉROCOQUE
SUR LE PLASMA OXALATÉ

Nous avons cherché à voir l'action de l'entérocoque sur le plasma oxalaté. Cette recherche n'a pas encore été faite.

La technique suivie est la même que celle décrite précédemment pour le streptocoque (p. 13).

Nos expériences ont porté sur six souches : (n°ˢ 3, 7, 9) ne liquéfiant pas la gélatine ; (n°ˢ 1, 2, 16) liquéfiant la gélatine.

Nous pouvons dire tout de suite que les résultats ont été comparables entre eux, qu'il s'agisse d' « entérocoque non liquéfiant » ou « liquéfiant ».

L'entérocoque augmente la coagulabilité du plasma oxalaté.

Voici les résultats d'une expérience. Le plasma pur recalcifié se coagulait en 55 minutes. On lui ajoute 0,5 cc. d'une émulsion en eau physiologique d'entérocoques.

Recalcifié aussitôt, la coagulation se produit en 45 minutes.

Recalcifié après 15 minutes d'étuve, la coagulation se produit en 40 minutes.

Recalcifié après une heure d'étuve la coagulation se produit en 35 minutes.

Recalcifié après deux heures d'étuve la coagulation se produit en 30 minutes.

Après un séjour plus prolongé à l'étuve on constate que la coagulation s'est faite spontanément.

Si, au lieu de mettre le plasma en présence de corps microbiens, on le met en présence du filtrat d'une culture de vingt-quatre heures en bouillon ou de microbes tués par la chaleur, on constate que la coagulation n'est ni retardée ni avancée.

L'entérocoque comme le staphylocoque provoque donc la coagulation du plasma oxalaté à l'aide d'un agent coagulant qui ne prend naissance que par le contact du microbe lui-même et du plasma. Nous proposerons de l'appeler « entérocoagulase ».

Ces expériences précises, puisqu'elles sont faites avec du plasma pur et avec des solutions titrées, sont à rapprocher d'un phénomène que nous avons souvent observé au cours de nos recherches et qui se traduit de la manière suivante.

Si dans un tube de bouillon ordinaire on ajoute une petite quantité de sang oxalaté, si on laisse le tube au repos, on constate au bout de douze heures environ que le sang a formé un petit culot au fond du tube.

Si on ensemence ce tube avec de l'entérocoque, si l'on a soin de ne pas agiter, on constate au bout de vingt-quatre heures d'étuve que le tube a pris l'aspect suivant : trois couches se sont formées ; au fond du tube un culot d'hématies, au-dessus une zone de « coagulum » plus ou moins épaisse, légèrement rougeâtre, et au-dessus enfin le bouillon. La partie coagulée est solide puisqu'on peut renverser le tube et faire écouler le bouillon sans qu'elle se détache.

Ce phénomène s'est produit d'une façon presque constante avec nos souches.

Il est dû, pour nous, à l'action de l'entérocoagulase sur le plasma (plus ou moins pur) qui surnage au-dessus de la couche d'hématies. Nous ne l'avons jamais observé avec le streptocoque.

INFLUENCE DE LA CONCENTRATION
EN IONS H
SUR LE DÉVELOPPEMENT DE L'ENTÉROCOQUE

L'étude de l'influence de la concentration en ions H sur le développement de l'entérocoque n'a pas encore été faite.

Nous l'avons étudiée sur toutes les souches dont nous disposions.

Nos expériences n'ont porté que sur le bouillon ordinaire : les résultats que nous avons obtenus ne sont donc valables que pour ce milieu et ne peuvent donner aucune idée de ce que seraient les résultats dans d'autres milieux.

L'échelle colorimétrique dont nous nous sommes servi a été celle décrite précédemment (p. 16).

Nous préparions plusieurs litres de bouillon d'un seul coup ; nous faisions les titrages sur 300 ou 500 cms suivant nos besoins. Nous n'utilisions le milieu que trois ou quatre jours après la stérilisation pour les raisons indiquées plus haut.

Pour chaque microbe nous ensemencions 5 tubes de bouillon titré à un Ph donné. Nous répétions l'opération pour tous les bouillons de $Ph=6,6$ à $Ph=7,8$ (dans les limites de l'échelle dont nous disposions).

On avait ainsi treize séries de 5 tubes. Au bout de vingt-quatre heures d'étuve on lisait l'augmentation de l'acidité au comparateur dans le premier tube de chaque série après centrifugation, décantation et adjonction de phtaléine du phénol. Quant à la croissance du microbe, elle était appréciée par comparaison à défaut de pesée. Au bout de quarante-huit heures, on lisait le deuxième tube de chaque série et ainsi de suite le troisième jour, le quatrième jour et le dixième jour, moment où nous pensions que l'acidité d'arrêt était atteinte.

Cette technique n'est évidemment pas simple parce qu'elle nécessite de longues manipulations (65 tubes pour chaque souche) ; mais, elle a le gros avantage de donner des résultats comparables entre eux et de permettre d'un seul coup de voir :

- 1° La concentration en ions H pour laquelle la pousse est à son maximum en vingt-quatre heures ;

2° Le retard apporté par des concentrations trop fortes ou trop faibles à la croissance des microbes ;

3° L'augmentation de l'acidité ;

4° Le moment où apparaît l'acidité d'arrêt ;

5° Les rapports de l'acidité « au départ » et de l'acidité finale.

Une seule de ces données a d'ailleurs un intérêt immédiat : c'est la concentration en ions H la plus favorable à la pousse en vingt-quatre heures.

Nous devons dire tout de suite que toutes les souches que nous avons eues entre les mains nous ont donné des résultats comparables entre eux, qu'elles appartiennent à l'espèce qui liquéfie la gélatine ou à l'espèce qui ne la liquéfie pas.

Nous avons cependant observé des différences, mais elles sont minimes. Elles sont dues tant aux erreurs personnelles que nous avons pu faire qu'au défaut de sensibilité de la méthode colorimétrique qui ne permet pas de mesurer avec une approximation plus grande que o,1 de Ph.

1. — Concentration en ions H pour laquelle la pousse est à son maximum en vingt-quatre heures.

Cette concentration est de Ph = 7,6.

Si nous construisons une courbe en portant en ordonnée la valeur de la croissance, en abscisse les concentrations en ions H, nous obtenons la figure 2 (pour la forme la plus commune).

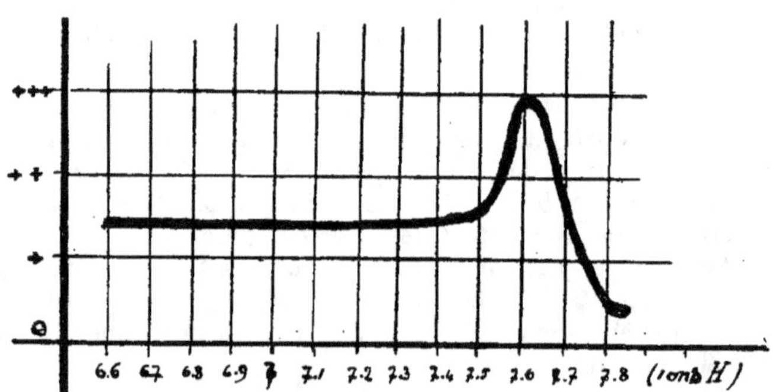

FIG. 2. — + indique un louche très léger ++ un louche un peu plus prononcé, +++ indique que le bouillon est complétement trouble,

Elle nous montre que l'entérocoque pousse dans des bouillons de concentrations assez différentes puisque ceux qui ont un Ph = 6,6 sont franchement acides, ceux de Ph = 7,8 alcalins.

Cependant ce microbe ne pousse très bien que pour une concentration égale à Ph = 7,6.

Il y a là très nettement un saut dans la courbe et lorsque l'on a devant soi la série des tubes différemment titrés, il est curieux de voir la différence qui existe entre celui qui est marqué Ph = 7,4, et celui qui est marqué Ph = 7,6.

Quant aux concentrations de Ph = 7,7 et 7,8 elles sont défavorables et, la plupart du temps, à l'examen simple, les milieux semblent stériles. Le maximum de croissance se produit parfois à une concentration de Ph = 7,3 ou 7,4 ; toujours au-dessous de Ph = 7,6, jamais au-dessus.

Comme conclusion pratique, nous dirons que la concentration égale à Ph = 7,6 est la plus favorable à la croissance de l'entérocoque, que les bouillons très alcalins (7,8 et au-dessus) l'empêchent de pousser, que les bouillons légèrement acides, s'ils ne lui permettent pas son développement maximum, du moins ne l'arrêtent pas.

2. — Retard apporté par les concentrations trop fortes ou trop faibles à la croissance de l'entérocoque.

En suivant pendant dix jours le même microbe dans un bouillon dont la concentration en ions H « au départ » ne lui est pas favorable, on constate qu'il arrive cependant à son maximum de développement en un délai plus ou moins long.

Si le milieu a un Ph au-dessous de 7,6, c'est en général en quarante-huit ou soixante-douze heures qu'il atteint ce que nous avons désigné dans la figure par le signe (+ +); il mettra huit jours pour arriver à (+ + +). Quant aux bouillons titrant au-dessus de 7,6, ils ne permettent d'arriver à une croissance moyenne (+ +) qu'au bout de trois ou quatre jours et le maximum ne sera atteint qu'au dixième jour.

Il semble que les premières générations d'entérocoques qui se sont produites dans le milieu de culture aient été atteintes dans leur vitalité et qu'elles aient de la peine à se reproduire.

3, 4, 5. — Augmentation de l'acidité ; acidité d'arrêt, rapport de la concentration en ions H au départ et au bout de dix jours.

En poussant dans le bouillon ordinaire les entérocoques acidifient ce milieu.

Nous avons représenté dans la figure 3 des courbes montrant comment apparaît cette acidité. Quelque soit la concentration initiale en ions H, elle est nette au bout de vingt-quatre heures ; elle augmente peu à peu et elle arrive en huit ou dix jours à son maximum.

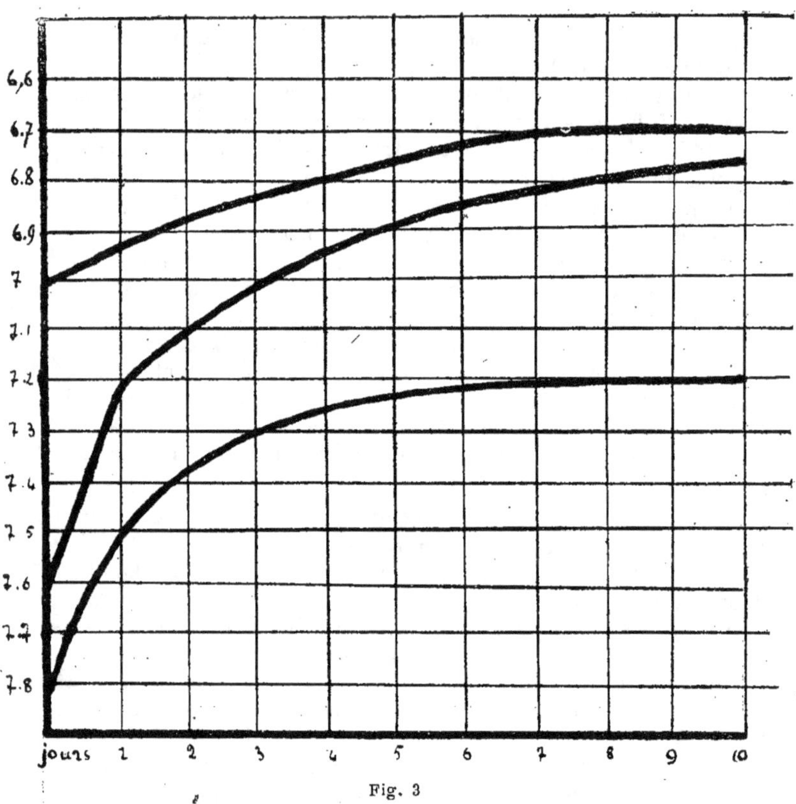

Fig. 3

Elle est pour le milieu le plus favorable (Ph=7,6) de Ph=6,8 ou Ph=6,7.

Enfin, il est curieux de voir quels sont les rapports entre la teneur en ions H « au départ » et au bout d'un certain temps. Pour une concentration de Ph=7,6, nous avons une augmentation d'acidité qu'on peut traduire par le chiffre 0,8 (7,6-6,8) ; pour une concentration Ph=7 nous avons (7-6,7) 0,3 ; pour une concentration Ph=7,8 (7,8-7,2) : 0,6.

Le milieu dans lequel la croissance se fait le mieux est aussi celui dans lequel le microbe est à son maximum de vitalité, qu'il acidifie le plus et où, probablement, il sécrète le plus rapidement des toxines actives.

ACTION DE L'ENTÉROCOQUE SUR LES SUCRES

L'action de l'entérocoque sur les sucres a été peu étudiée jusqu'ici. Nous avons essayé l'action fermentative des 26 souches que nous possédions sur dix sucres.

La technique que nous avons suivie a été celle décrite précédemment pour les streptocoques (boîtes de gélose sucrée tournesolée).

Les résultats que nous avons obtenus sont résumés dans le tableau suivant.

Nos	Saccharose	Glucose	Lactose	Galactose	Lévulose	Maltose	Inuline	Mannite	Xylose	Sorbite
1	+	+	+	+	+	+	−	+	−	+
2	+	+	+	+	+	+	−	+	−	+
3	+	+	+	+	+	+	−	+	−	+
4	+	+	+	+	+	+	−	+	−	+
5	+	+	+	+	+	+	−	+	−	+
6	+	+	+	+	+	+	−	+	−	−
7	+	+	+	+	+	+	−	+	+	+
8	+	+	+	+	+	+	−	+	+	+
9	−	+	+	+	+	+	−	−	−	+
10	+	+	+	+	+	+	−	−	−	+
11	+	+	+	+	+	+	−	−	−	+
12	+	+	+	+	+	+	−	−	−	+
13	+	+	+	+	+	+	−	+	−	+
14	−	+	+	+	+	+	−	−	+	+
15	+	+	+	+	+	+	−	+	+	+
16	+	+	+	+	+	+	−	+	−	+
17	+	+	+	+	+	+	−	+	−	+
18	+	+	+	+	+	+	−	+	+	+
19	+	+	+	+	+	+	−	+	−	+
20	+	+	+	+	+	+	−	+	−	+
21	+	+	+	+	+	+	−	+	−	+
22	+	+	+	+	+	+	−	+	−	+
23	+	+	+	+	+	+	−	−	−	−
24	+	+	+	+	+	+	−	−	−	−
25	−	+	+	+	+	+	−	+	−	+
26	+	+	+	+	+	+	−	+	−	−

Tous les entérocoques attaquent : glucose, lactose, galactose, maltose, lévulose.

Le virage au rouge est accompli au bout de vingt-quatre heures et d'une façon particulièrement nette pour le maltose, le lévulose, le glucose, le lactose, le galactose.

La fermentation est faite parfois au bout de douze heures.

Le saccharose est attaqué la plupart du temps, mais pas d'une façon constante.

La mannite, le xylose, la sorbite sont attaqués de façons différentes par les différentes souches. Quant à l'inuline aucune de nos souches ne l'a fait fermenter.

Ces résultats sont comparables (quant à la rapidité d'attaque) à ceux publiés par Tricoire (45) ; ils en diffèrent par les sucres.

L'action d'un entérocoque sur un sucre donné semble être constante. Les expériences que nous rapportons ont été répétées à plusieurs reprises et ont toujours donné les mêmes résultats.

En examinant le tableau précédent, nous voyons qu'aucune classification n'est possible à l'intérieur de la famille « entérocoque » en se basant sur les propriétés fermentatives. Nous serions, en effet, obligé de faire dix groupes qui n'auraient aucun sens parce qu'ils ne correspondraient ni à des caractères morphologiques, ni à des caractères biologiques.

VITALITÉ DE L'ENTÉROCOQUE

L'entérocoque est un microbe qui possède une très grande vitalité et une très grande résistance.

Dans plusieurs de leurs communications, Thiercelin et Jouhaud ont, avec juste raison, insisté sur ces caractères. Ils sont, en effet, très importants : ils permettent de classer très nettement l'entérocoque, de le différencier du pneumocoque et du streptocoque.

La vitalité de l'entérocoque se manifeste de différentes façons : c'est, d'abord, sa grande « faculté de croissance » dans les milieux ordinaires. Nous y avons insisté en décrivant les caractères culturaux.

C'est en bouillon ordinaire que cette propriété se manifeste de la façon la plus évidente. En quelques heures (en deux heures la plupart du temps, en quatre heures au maximum) on peut avoir une culture assez abondante pour produire un trouble net. Il en est de même dans les bouillons sucrés.

Si le diplocoque de Thiercelin pousse si rapidement dans les milieux riches, il est à prévoir qu'il poussera encore dans les milieux pauvres.

C'est, en effet, ce qui arrive. Si on l'ensemence dans un milieu composé d'eau distillée et de chlorure de sodium dans les proportions suivantes :

     Eau distillée.................... 1 litre.
     ClNa .... 2 grammes.

au bout de douze heures d'étuve, on peut constater un trouble, dans la plupart des tubes ensemencés. Nous avons fait cette expérience sur les souches dont nous disposions : en douze heures, on avait une culture positive dans 12 tubes sur 26, en vingt-quatre heures dans 14 tubes, en trente-six heures dans 20 tubes. Il ne s'agit pas là d'un caractère constant, mais d'une manière d'être générale du groupe : il est inévitable que quelques individus, pour des raisons diverses, ne l'aient pas.

Dans des milieux un peu plus riches, tels que :

     Eau distillée.................... 1 litre.
     Peptone .... 3 grammes.

il pousse toujours et d'une façon abondante.

Une autre manifestation de la vitalité de l'entérocoque est sa très grande résistance à l'action du temps. Nous avons pu reprendre des cultures sur gélose conservées à la température du laboratoire, vieilles de trois ou quatre mois. En bouillon, l'entérocoque est encore vivant quarante-cinq jours après son ensemencement.

On pourrait multiplier à l'infini les exemples : la conclusion à tirer de tous ces faits est que l'entérocoque a une vitalité remarquable.

Il présente une grande résistance aux agents physiques ou chimiques. Après un séjour de quinze jours à l'étuve en bouillon, on le retrouve encore vivant.

Nous avons déterminé la température nécessaire pour le tuer : elle est de 8o°. Si on maintient pendant cinq minutes à cette température un tube de bouillon contenant une culture abondante on ne peut plus la repiquer dans quelque milieu que ce soit.

On retrouve l'entérocoque vivant après un séjour de une heure à 5o°, d'une demi-heure à 6o°, de quinze minutes à 7o°.

L'entérocoque est peu sensible aux antiseptiques. On a signalé le peu d'influence sur son développement du sublimé, de l'acide phénique, de l'eau oxygénée, etc... (24-47). Nous avons constaté personnellement que l'addition d'alcool absolu ou de chloroforme en quantités assez importantes n'empêche pas la culture. Cinq gouttes de bleu de méthylène aqueux ajoutées à dix centimètres cubes de bouillon empêchent l'entérocoque de se développer.

Enfin, la bile n'a pas d'action empêchante sur sa culture.

L'ENTÉROCOQUE
LIQUÉFIANT LA GÉLATINE

La liquéfaction de la gélatine par l'entérocoque a été signalée par quelques auteurs (24-52). Mais ils la considèrent comme un phénomène exceptionnel, sans importance pour eux et qu'ils ne cherchent pas à expliquer.

Nous voulons montrer ici qu'à côté de l'entérocoque classique, il faut faire une place à une variété d'entérocoque liquéfiant la gélatine, variété à laquelle nous donnons le nom d' « Enterococcus proteiformis liquefaciens ».

C'est bien un entérocoque : il a cependant des caractères particuliers tant culturaux que sérologiques qui permettent d'en faire une variété nouvelle (1).

Nous examinerons successivement sa morphologie, l'aspect de ses cultures, ses propriétés sérologiques.

Caractères morphologiques. — L'entérocoque liquéfiant présente sous le microscope le même aspect que l'entérocoque non liquéfiant : diplocoque à grains ronds ou allongés, placés l'un au bout ou l'un à côté de l'autre ; formant ou ne formant pas des chaînettes ; il est capable aussi de prendre la forme staphylococcique dans certains cas. Il peut, soit en présence d'antiseptiques, soit dans des milieux pauvres, prendre les formes de résistance décrites par THIERCELIN.

Caractères culturaux. — Les cultures en bouillon ordinaire, en bouillon sucré, sur gélose inclinée, en gélose profonde, dans les milieux au sang sont semblables à celles de l'entérocoque non liquéfiant. Par piqûre en gélatine on obtient une liquéfaction qui apparaît entre le troisième et le septième jour après l'ensemencement, liquéfaction dont nous avons décrit les caractères dans un chapitre précédent.

Le lait est coagulé d'une façon constante entre le premier et le cinquième jour, avec rétraction latérale du caillot.

(1) Ce sont parmi nos souches les n°ˢ 1, 2, 16, 19, 20, 21, 25, 26.

Action sur les sucres. — L'entérocoque non liquéfiant attaque d'une façon constante le glucose, le maltose, le lactose, le galactose, le lévulose, la mannite ; d'une façon inconstante : le saccharose, la sorbite, il n'attaque ni le xylose, ni l'inuline.

Action sur le plasma. — Elle est la même que celle de l'entérocoque non liquéfiant : la coagulabilité est augmentée.

Influence de la concentration en ions H. — L'entérocoque liquéfiant fait sa croissance maxima dans le bouillon ordinaire dont la concentration en ions H est Ph=7,6. Il pousse peu dans un milieu alcalin et se développe mal dans les milieux trop acides (Ph=6,6 à Ph=7,4). L'acidité finale dépend de l'acidité au départ. Les chiffres et les courbes obtenues sont les mêmes que celles de l'entérocoque non liquéfiant.

Résistance. — Il présente la même vitalité, croît avec la même rapidité que l'entérocoque non liquéfiant. Comme lui, il pousse dans les milieux pauvres et présente la même résistance aux antiseptiques.

Tous ces caractères sont constants. En effet, les expériences que nous rapportons ont été répétées à différentes reprises, avec des milieux fabriqués à différents moments. L'ensemencement en lait et en gélatine a été fait en partant de cultures sur gélose ordinaire, sur gélose sucrée, de cultures en bouillon ordinaire, en lait, en gélatine, en bouillon sucré, en bouillon au sang laqué ou citraté. La coagulation avec rétraction latérale et la liquéfaction sont apparues pour les mêmes souches au même moment et dans les mêmes conditions.

Ces premiers résultats acquis, il nous restait à voir si des propriétés sérologiques correspondaient à ces propriétés culturales et si, ce que nous croyions être un entérocoque, n'était pas un staphylocoque à caractères particuliers.

Pour ce faire, nous nous sommes adressé à l'agglutination. Voici la technique que nous avons adoptée.

Les animaux auxquels nous nous sommes adressés sont les lapins. Nous les avons vaccinés par deux injections intra-veineuses d'une émulsion microbienne en eau physiologique.

Les injections ont été fortes : elles ont rendu les animaux malades, mais elles ont eu le gros avantage de nous procurer des sérums à pouvoir agglutinant très élevé.

Les émulsions étaient faites à partir de cultures sur gélose en eau physiologique. On lavait deux fois par centrifugation et on titrait enfin à 1 milliard de corps microbiens par cc.

Les entérocoques n'étaient pas tués. Voici le protocole des vaccinations :

Lapin n° 410. Poids 1 kg. 600. Reçoit le 6, 0,5 cc. (500 millions) d'une émulsion d'entérocoques liquéfiant préparée le 3.

Le 13 : poids : 1 kg. 550, reçoit 1 cc. (1 milliard) d'une émulsion préparée le 12.

Le 20 : poids : 1 kg. 420. L'animal est malade, il commence à traîner son train arrière.

Le 22 : poids : 1 kg. 500. Le 26 : poids : 1 kg. 555. L'animal est saigné.

Lapin n° 668. Poids : 2 kg. 180. Reçoit le 6, 0,5 cc (500 millions) d'une émulsion d'entérocoques non liquéfiant préparée le 3.

Le 13 : poids : 2 kg. 100 ; reçoit 1 cc. (1 milliard) d'une émulsion préparée le 12.

Le 20 : poids : 2 kilos, présente les mêmes symptômes que le lapin 410.

Le 22 : poids : 2 kg. 150.

Le 24 : poids : 2 kg 190. Saignée.

Ces protocoles montrent que les animaux qui avaient maigri ont réussi à reprendre leur poids, le lapin n° 668, le plus fort avant la vaccination, ayant le mieux résisté.

Les sérums obtenus par décantation sont conservés en tubes scellés à la glacière.

La technique de l'agglutination a été la suivante. L'antigène est formé par une émulsion en eau physiologique de microbes vivants (cultures de vingt-quatre heures sur gélose), émulsion titrée à un milliard par centimètre cube.

Le mélange sérum-microbe étant fait, on laisse à la température du laboratoire et on lit au bout de vingt-quatre heures à l'agglutinoscope. Une floculation indiscutable est seule considérée comme résultat positif. Le tableau ci-dessous résume nos résultats.

NUMÉROS DES SOUCHES	SÉRUM PRÉPARÉ AVEC UN ENTÉROCOQUE NON LIQUÉFIANT	SÉRUM PRÉPARÉ AVEC UN ENTÉROCOQUE LIQUÉFIANT	SÉRUM NORMAL
1 (l)	1/1000	1/5000	1/50
2 (l)	1/1000	1/5000	1/50
3 (nl)	1/2000	1/500	1/100
4 (nl)	1/2000	1/200	1/50
5 (nl)	1/2000	1/500	1/100
6 (nl)	1/2000	1/500	1/100
7 (nl)	1/2000	1/1000	1/100
8 (nl)	1/2000	1/1000	1/100
9 (nl)	1/2000	1/500	1/50
10 (nl)	1/2000	1/500	1/100
11 (nl)	1/2000	1/500	1/100
12 (nl)	1/1000	1/200	1/50
13 (nl)	1/2000	1/500	1/100
14 (nl)	1/1000	1/500	1/50
15 (nl)	1/2000	1/1000	1/50
16 (l)	1/1000	1/5000	1/50
17 (nl)	1/5000	1/1000	1/100
18 (nl)	1/1000	1/200	1/100
19 (l)	1/500	1/2000	1/50
20 (l)	1/500	1/2000	1/100
21 (l)	1/1000	1/5000	1/100
22 (nl)	1/1000	1/200	1/100
23 (nl)	1/2000	1/500	1/100
24 (nl)	1/5000	1/1000	1/50
25 (l)	1/500	1/200 0	1/100
26 (l)	1/1000	1/5000	1/100
Staphylo. Vir.	1/50	1/50	
— Am.	1/100	1/50	
— H.	1/50	1/50	
— E.	1/100	1/50	
— n° l	1/50	1/50	

L'examen du tableau montre que :

— Le sérum d'un animal normal agglutine les entérocoques liquéfiant ou non à un taux variant entre 1 5o et 1/1oo (1).

(1) Nous voulons faire ici une série de remarques sur l'agglutination de l'entérocoque. Les émulsions servant d'antigène doivent être préparées d'une manière extemporanée ; elles doivent être vérifiées avant leur emploi : il y a tendance en effet à une agglutination spontanée.
Si l'on suit l'agglutination de la façon suivante : après 15, 30, 45, 60 minutes, 2, 3, 7, 10, 12 et 24 heures, on constate que la floculation apparaît au bout de

— Le sérum d'un animal préparé avec de l'entérocoque non liquéfiant, soit avec de l'entérocoque liquéfiant, agglutine le staphylocoque à un taux bas et qui, comparé aux résultats obtenus par l'agglutination entérocoque-sérum homologue, entérocoque-sérum-hétérologue, prouve que l' « enterococcus liquefaciens » n'est pas un staphylocoque.

— Le sérum d'un animal vacciné avec une variété d'entérocoque agglutine la variété homologue à un taux élevé variant entre 1 pour 2.000 et 1 pour 5.000, il agglutine la variété hétérologue à un taux variant entre 1 pour 200 et 1 pour 1.000. L'agglutination croisée montre que si le sérum hétérologue agglutine à un taux relativement élevé (ex. : n. 17 : 1/1.000) le sérum homologue agglutine par une sorte de correspondance à un taux très élevé (n. 17 : 1/5.000).

Les résultats que nous apportons nous permettent d'affirmer qu'il existe une variété d'entérocoque liquéfiant la gélatine, coagulant le lait avec rétraction latérale du caillot ayant des propriétés sérologiques correspondant à des caractères culturaux : l' « entérococcus proteiformis liquefaciens.

Nous pensons que cette variété d'entérocoque est passée jusqu'ici inaperçue parce qu'elle a toujours été confondue avec le staphylocoque. La pluralité des aspects microscopiques du microbe de Thiercelin augmente la confusion.

L'aspect microscopique, l'ensemencement en lait et en gélatine, la recherche des formes d'involution, l'agglutination, enfin, doivent permettre de distinguer et de classer l'entérocoque liquéfiant à coup sûr.

30 minutes, que le microbe soit en présence d'un sérum homologue ou non. Elle augmente peu à peu dans les deux cas d'une façon régulière (plus lentement pour microbe-sérum hétérologue) et atteint son maximum à 24 heures.

Les taux élevés auxquels nous sommes arrivé dépassent de beaucoup ceux obtenus par d'autres auteurs (47). Nous attribuons ces résultats à la manière dont nous avons vacciné nos animaux : vaccination « violente », réaction vive, d'où sérum ayant un grand pouvoir agglutinant.

STREPTOCOQUES ET ENTÉROCOQUES

Le polymorphisme des aspects de l'entérocoque fait qu'il est souvent difficile de le distinguer du streptocoque (1).

Weissembach (49) a proposé un milieu qui, infailliblement, per-

STREP-TOCOQUE N°ˢ	SÉRUM i	SERUM n li	SERUM T H	SERUM M H	ENTÉRO-COQUE N°ˢ	SÉRUM l i	SÉRUM n li	SÉRUM T H	SÉRUM M H
1	0	0	1/2000	1/100	1	1/5000	1/1000	1/200	1/100
2	0	0	1/2000	1/1000	2	1/5000	1/1000	1/500	1/1000
3	1/50	1/50	1/2000	1/500	3	1/500	1/2000	1/200	1/100
4	0	0	1/5000	1/100	4	1/200	1/2000	1/100	1/200
5	0	0	1/200	1/1000	5	1/500	1/2000	1/1000	1/500
7	0	0	1/5000	1/200	6	1/500	1/2000	1/200	1/500
8	0	0	1/5000	1/5000	7	1/1000	1/2000	1/100	1/100
9	0	0	1/5000	1/500	8	1/1000	1/2000	1/1000	1/500
10	1/50	1/50	1/2000	1/200	9	1/500	1/2000	1/200	1/100
12	0	0	1/5000	1/5000	10	1/500	1/2000	1/200	1/100
13	0	0	1/5000	1/1000	11	1/500	1/2000	1/200	1/200
14	1/50	1/50	1/500	1/1000	12	1/200	1/1000	1/100	1/100
15	0	0	1/5000	1/2000	13	1/500	1/2000	1/500	1/500
16	0	0	1/2000	1/100	14	1/500	1/1000	1/100	1/100
17	0	0	1/2000	1/100	15	1/1000	1/2000	1/100	1/100
18	1/50	1/50	1/200	1/100	16	1/5000	1/1000	1/1000	1/200
19	0	0	1/500	1/500	17	1/1000	1/5000	1/100	1/100
20	0	0	1/500	1/200	18	1/200	1/1000	1/100	1/200
					19	1/2000	1/500	1/200	1/200
					20	1/2000	1/500	1/200	1/500
					21	1/5000	1/1000	1/100	1/200
					22	1/200	1/1000	1/500	1/200
					23	1/500	1/2000	1/200	1/200
					24	1/1000	1/5000	1/200	1/200
					25	1/2000	1/500	1/200	1/100
					26	1/5000	1/1000	1/500	1/200

mettrait de classer ces deux microbes : l'eau peptonée glucosée biliée.

(1) La distinction entre streptocoque, pneumocoque et entérocoque est pour nous résolue soit par l'application du phénomène de Neufeld, soit par l'addition aux milieux de culture d'optochin suivant la méthode proposée récemment par Bieling (6)

L'entérocoque y pousse, en effet, admirablement bien, mais certains streptocoques (des streptocoques hémolytiques parmi ceux que nous avons étudiés) y donnent aussi des cultures nettes. Le fait que ces streptocoques avaient une action sur le sang ne pouvant en aucune manière les faire confondre avec des entérocoques nous a montré que le milieu bilié n'avait pas la spécificité qu'on a voulu lui accorder (1).

La distinction est cependant possible.

On cherchera le polymorphisme de l'entérocoque, l'obtention des formes d'involution dans les milieux additionnés d'antiseptiques. La croissance dans les milieux pauvres, sa grande vitalité sont des caractères qui lui sont particuliers.

L'ensemencement sur gélose au sang permettra de savoir tout de suite si l'on a affaire à un streptocoque hémolytique.

L'agglutination nous donnera des résultats qui, joints à tous les caractères que nous venons d'énumérer, ne permettra plus l'erreur.

Nous avons procédé, en effet, à des agglutinations croisées. Nous résumons nos résultats dans le tableau ci-dessus

On voit que le sérum d'un animal préparé avec des entérocoques liquéfiants ou non n'agglutine pas les streptocoques ou les agglutine à un taux beaucoup plus bas que le sérum spécifique. Le sérum d'un animal préparé avec des streptocoques hémolytiques agglutine les entérocoques liquéfiants ou non à un taux souvent inférieur mais parfois égal au taux où se produit l'agglutination avec le sérum spécifique.

Si, en mettant un microbe pour la dénomination duquel on hésite, en présence des sérums « entérocoques », il est agglutiné à un taux variant de 1/5oo à 1/5ooo, on aura affaire à un entérocoque; s'il n'est pas agglutiné, on aura affaire à un streptocoque (2).

(1) Nous avons opéré avec de la bile titrant 107 grammes de résidu sec par litre ainsi que le recommande WEISSEMBACH.

(2) Les circonstances ont fait que nous n'avons pas pu étudier les streptocoques non hémolytiques de la même façon que les streptocoques hémolytiques. Il aurait été intéressant de voir si les caractères d'agglutination que nous signalons entre l'entérocoque et le streptocoque hémolytique se présentaient aussi entre ces derniers et les streptocoques non hémolytiques, s'il y avait des caractères différentiels au point de vue de l'immunité.

CONCLUSIONS

De toutes ces recherches nous tirerons les conclusions suivantes :

1. — L'étude de l'action des streptocoques hémolytiques sur le sang montre que la gélose au sang est le milieu de choix pour mesurer la grandeur de l'hémolyse, que le bouillon à l'oxyhémoglobine n'a aucune valeur comme milieu de diagnostic.

2. — Dans les streptococcies expérimentales le streptocoque hémolytique lèse d'abord les stroma globulaires (ce qui se traduit par une diminution de la résistance globulaire), puis libère l'hémoglobine et la transforme en méthémoglobine acide et alcaline.

3. — Le streptocoque hémolytique diminue, le plus souvent, la coagulabité du plasma oxalaté par la formation de substances empêchantes.

4. — Le streptocoque hémolytique pousse bien dans les bouillons ordinaires ayant une concentration en ions H comprise entre Ph = 6,8 et Ph = 8,5.

5. — Les caractères de fermentation des sucres par les streptocoques hémolytiques ne peuvent pas servir de base à une classification.

6. — L'agglutination montre qu'on ne peut pas diviser le groupe des streptocoques hémolytiques.

7. — L'entérocoque est un microbe qui n'a aucune action sur le sang citraté et qui augmente la coagulabilité du plasma oxalaté, par la formation d' « entérocagulase ».

8. — Il pousse à son maximum dans les bouillons ordinaires dont la concentration en ions H est égale à Ph = 7,6. Il pousse mal dans les bouillons trop alcalins.

9. — Les caractères de fermentation des sucres ne permettent pas de faire une classification à l'intérieur du groupe entérocoque.

10. — L'entérocoque est un microbe dont la vitalité est remarquable. Il possède une grande résistance à la chaleur, aux antiseptiques. Il faut le chauffer à 80° en milieu humide pendant cinq minutes pour le tuer.

11. — On doit faire une place à une nouvelle espèce d'entérocoque que nous nommons « ENTEROCOCCUS PROTEIFORMIS LIQUEFA-
CIENS » ; qui se distingue de l'enterococcus proteiformis ordinaire
en ce qu'il liquéfie la gélatine, coagule le lait avec rétraction latérale du caillot et possède des propriétés sérologiques particulières.

12. — L'eau peptonée glucosée à la bile laisse pousser certains
streptocoques. La distinction entre entérocoques et streptocoques
se fera donc par la recherche des caractères particuliers à chacun
de ces microbes. La non agglutination des streptocoques par le
sérum d'un animal préparé avec des entérocoques liquéfiants ou
non aidera à faire le diagnostic différentiel.

BIBLIOGRAPHIE

1 Barnes. — Classification of streptococci based on the correlation of results of hemolytic, fermentative and precipitin test. Journ. of. inf. dis. t. 25, 1919.

2 Bergey. — Differentiation of cultures of streptococcus. Journ. of med. Res. t. 27, 1912.

3 Besredka. — De l'hémolysine streptococcique. Annales de l'Institut Pasteur 1901, p. 880.

4 Besredka. — Le sérum antistreptococcique et son mode d'action. Ann. de l'Ins. Pasteur 1904, p. 362.

5 Besrèdka. — Existe-t-il un ou plusieurs streptocoques ? — Bulletin de l'Ins. Pasteur 1904, p. 657.

6 Bieling. — Methoden zur differenzierung der Streptokokken und Pneumokokken. Centralblatt f. Bak Origi. Bd. 86, 1921.

7 Blake. — The classification of streptococci. Journ. of. med. res. t. 36, mars 1917.

8 Bordet. — Contribution à l'étude du sérum antistreptococcique. Annales de l'Ins. Pasteur 1897, p. 177.

9 Bordet et Delange. — La coagulation du sang et la genèse de la thrombine. An. de l'Ins. Pasteur, p. 657, 1912.

10 Braun. — Ueber das Streptolysin. Central für Bak. Origi. t. 62.

11 Breton. — De l'hémolysine produite par le streptocoque dans l'organisme infecté. Comptes rendus Soc. Biologie 1903.

12 Burnet et P. Weissembach. — Classification des streptocoques. Bulletin de l'Institut Pasteur 1918, p. 657.

13 Clawson. — Varietes of streptococci with special reference to constancy. Jour. of inf. dis. t. 27, 1920.

14.Dernby. — La concentration en ions hydrogènes favorisant le développement de certains micro-organismes. Ann. de l'Institut Pasteur 1921, n° 4.

15 Dochez, Avery, Lancefield. — Studies on the biology of Streptococcus. Jour. of exp. Medi. t. 30, p. 179.

16 Foster. — Jour. of Bacteriology n° 2, vol. 6, mars 1921.

17 Gordon. — The Lancet, 1905.

18 Gratia. — Action diverse des microbes sur la coagulation du sang. Com. rend. Soc. Bio. p. 1245, 1919.

19 Gratia. — A propos de la coagulation du plasma oxalaté par le staphylocoque. Com. rend. Soc. Bio. p. 1247, 1919.

20 Gratia. — Nature et genèse de la staphylocoagulase. Com. ren. Soc. Bio. p. 584, T. 83.

21 Hiss. — A method for obtainig mass cultures of bacteria for inoculation and for agglutination. Jour. of exp. medic. t. 7, n° 2, 1905.

22 Hopkins et Lang. — Classification of pathogenic streptococci by fermentation reaction. Jour. of inf. dis. t. 15, 1914.

23 Jones. — Influence of variation of media on acid production by stretococci. Jour. of exp. med. p. 273, 1920.

24 Jouhaud. — Thèse de Paris 1903.

25 Jupille. — Annales de l'Institut Pasteur, p. 918, 1911.

26 Kliger. — Journ. of. inf. dis. t. 16.

27 Marmorek. — Annales de l'Institut Pasteur, 1895, p. 593.

28 Marmorek. — Annales de l'Institut Pasteur, 1902, p. 172.

29 Morgenroth et Tugendreich. — Berli. klini. Woch. 17 juillet — 1916.

30 Nachmann. — Centr. fur Bakt. Origi. t. 77, 1915.

31 Neufeld. — Zeit. fur Hyg. t. 44, p. 161, 1904.

32 Ponselle. — Bulletin de l'Institut Pasteur, 30 septembre 1920.

33 Rieke. — Central. fur Bakt. Origi. p. 161, 1904.

34 Rosenthal et Chazarain. — Effets cachectisants de la toxine de l'entérocoque. Com. Ren. Soc. Bio. 1904.

35 Rouquier et Tricoire. — Com. ren. Soc. Bio. p. 1160, 1919.

36 Schottmuller. — Die Artunterscheidung der fur den menschen pathogenen Streptokokken durch Blutagar Munchener Mediz. Woch. 1903, n° 20.

37 SALOMON. — Central. fur Bak. Origi. t. 47, 1908.

38 THIERCELIN. — Com. rendus Soc. Bio. 30 mai 1903.

39 THIERCELIN et JOUHAUD. — Com. rendus Soc. Bio. 20 juin 1903.

40 THIERCELIN et JOUHAUD. — Com. rendus Soc. Bio. 6 juin 1903.

41 THIERCELIN et JOUHAUD. — Com. rendus Soc. Bio. 13 juin 1903.

42 THIERCELIN et JOUHAUD. — Com. rendus Soc. Bio. 20 juin 1903.

43 TISSIER. — Thèse de Paris 1900.

44 TISSIER et DE COULON. — Société de Bio. p. 110, 1920.

45 TRICOIRE. — Com. rendus Soc. Bio. 28 février 1920.

46 TRICOIRE. — Com. rendus Soc. Bio. 10 juillet 1920.

47 TRICOIRE. — Com. rendus Soc. Bio. 13 mars 1920.

48 WALKER. — Further observations on the variability of streptococci in relation to certian Fermentation test together with some considerations Bearing on its Possible Meaning. Proc. R. Soc. B. t. 35. —

49 WEISSEMBACH. — Differenciation de l'entérocoque, du streptocoque hémolytique, du streptocoque pyogène non hémolytique par l'ensemencement en eau peptonée glucosée à la bile. Com. rendus Soc. Bio. t. 31, 1918.

50 WINSLOW. — Jour. of inf. dis. t. 10, mai 1912.

51 SALES. — Thèse de Paris 1921.

52 TRASTOUR. — Thèse de Paris 1904.

TABLE DES MATIÈRES

Orléans. — Imp- P. Pigelet et Fils et Cⁱᵉ.